ANALYSE

DES

SUBSTANCES SACCHARIFÈRES

AU MOYEN

DES PROPRIÉTÉS OPTIQUES

DE LEURS DISSOLUTIONS.

ÉVALUATION DE RENDEMENT INDUSTRIEL

PAR T. CLERGET

Extrait des *Annales de Chimie et de Physique*,
3ᵉ série, tome XXVI.

PARIS,

MATHIAS, LIBRAIRE, QUAI MALAQUAIS, 15.

1850.

ANALYSE

DES

SUBSTANCES SACCHARIFÈRES

AU MOYEN DES PROPRIÉTÉS OPTIQUES DE LEURS DISSOLUTIONS.

ÉVALUATION DU RENDEMENT INDUSTRIEL,

Par M. CLERGET.

On sait combien ont été fécondes les découvertes des phénomènes de polarisation circulaire dues à M. Arago et à M. Biot. Depuis longtemps M. Biot a fondé, sur l'observation de ces phénomènes, une méthode d'analyse des substances saccharifères. Prenant pour base les travaux de ce savant, je me suis proposé de rendre entièrement pratique une application aussi importante, et me suis attaché à en écarter les causes de perturbation et d'erreur qui n'avaient pas encore été surmontées ou étaient restées inaperçues. Déjà mes efforts m'avaient permis de m'approcher du but que je m'étais fixé, à l'aide des appareils ordinaires de polarisation, lorsque l'emploi de l'ingénieux instrument récemment inventé par M. Soleil, et qu'il a spécialement disposé pour la saccharimétrie optique, m'a fourni les moyens d'arriver à un résultat plus satisfaisant.

Afin de pouvoir être suivi dans l'exposé de la méthode que j'ai coordonnée, et tout en renvoyant aux Traités de Physique pour l'explication des phénomènes généraux de la polarisation de la lumière, je commencerai par présenter une description succincte du saccharimètre de M. Soleil.

Deux parties tubulaires TT′ et T″T‴, *fig.* 1 et 1 *bis*, *Planche ci-jointe*, constituent le corps principal de l'appareil.

La lumière employée pour l'observation, et qui peut être indifféremment la lumière naturelle du ciel ou celle d'une lampe, entre en *o* par une ouverture circulaire d'environ 8 millimètres de diamètre; elle traverse dans la partie TT′ d'abord un prisme polarisateur sensiblement achromatisé (1), placé en *p*, et reproduit séparément par la *fig.* 2, puis en *p′* une plaque de quartz, dite à double rotation, vue de face, *fig.* 3. Cette plaque est composée de deux demi-disques d'égale épaisseur, soit de 3^{mm},75 (2), soit du double 7^{mm},50, taillés perpendiculairement à l'axe de cristallisation. Les demi-disques sont entre eux de pouvoirs rotatoires inverses, c'est-à-dire qu'ils dévient le plan de polarisation, l'un *g* de droite à gauche, l'autre *d* de gauche à droite.

Parvenue à la partie T″T‴, la lumière rencontre en *p″* une plaque de quartz à rotation simple, soit à gauche, soit à droite, ce qui est indifférent, et d'une épaisseur arbitraire.

Après avoir franchi cette plaque, elle traverse en *ll′* deux

---

(1) Des deux images données par ce prisme, l'une, au moyen de l'amplitude suffisante de l'angle réfringent et d'un diaphragme convenablement distancé, est rejetée hors du champ de la vision, et il ne passe que la seconde image, qui est l'image ordinaire.

(2) Une lame de quartz de cette épaisseur, ou de ses multiples, donne une dispersion des plans de polarisation qui, lorsqu'on fait usage de la lumière blanche, et que les sections principales du prisme polarisateur et du prisme analysateur dont il va être question sont parallèles, correspond à la teinte *violet pâle*, nommée par M. Biot *teinte sensible* ou *de passage*.

3

lames prismatiques , aussi en quartz, douées toutes deux d'un
même pouvoir rotatoire, mais de signe contraire à celui de la
plaque p'' qui les précède. Ces deux lames, dont la *fig.* 4
donne en grand la coupe longitudinale et les positions respec-
tives, sont ajustées dans une coulisse , de manière à pouvoir
glisser l'une devant l'autre, de gauche à droite et de droite à
gauche, en conservant le parallélisme de leurs faces homolo-
gues ff', qui sont perpendiculaires à l'axe de cristallisation ,
de telle sorte qu'à raison de leur forme et de leur opposition
de base à sommet, on fait varier à volonté la somme de leur
épaisseur sur le trajet du rayon de lumière polarisé rr'. Ce
mouvement des lames s'opère au moyen d'une double crémail-
lère taillée sur les montures en cuivre dont elles sont garnies,
et d'un pignon correspondant au bouton B, *fig.* 1. Enfin , le
rayon traverse en a, *fig.* 1, un prisme biréfringent, dit *analyseur*, et l'instrument se termine par une lunette de Galilée
L, qui est destinée à rendre, au moyen de son pointé, la vision
distincte, quel que soit le foyer de la vue de l'observateur. Il
est, du reste, à remarquer que le prisme a est placé de telle
sorte, relativement à un diaphragme de la lunette L, que le
passage de l'une des deux images qu'il produit est intercepté,
comme cela a lieu pour le prisme polarisateur p, et qu'il ne
reste dans le champ de l'instrument que l'image, soit ordinaire, soit extraordinaire, suivant que la plaque à double rotation est d'une épaisseur de 3^{mm},75 ou de 7^{mm},50.

Il résulte de cette construction qu'en plaçant l'œil près de
l'oculaire de la lunette, l'ouverture o présente l'apparence
d'un disque lumineux traversé par une ligne médiane et verticale produite par la jonction jj' des deux quartz placés en
p', *fig.* 1, et qui composent la plaque à double rotation,
fig. 3. D'ailleurs, dans cet état normal de l'instrument, la
somme de l'épaisseur des deux lames prismatiques ll' est
égale à l'épaisseur de la plaque à rotation simple p'', et le
pouvoir de ces lames neutralise exactement celui de sens con-

traire de cette même plaque ; l'influence des deux quartz de la plaque à double rotation est alors seule sensible. Or les pouvoirs rotatoires de ces quartz, bien que de sens inverses entre eux, étant de valeurs égales, ils déterminent une coloration uniforme des deux moitiés du disque, et cette coloration, en raison de la position donnée au prisme analyseur, est le violet.

Cependant, si l'on vient à interposer en V, *fig.* 1, un tube (1) contenant un liquide doué aussi d'un pouvoir rotatoire sur la lumière polarisée, l'uniformité de coloration entre les deux moitiés du disque lumineux, *fig.* 5, est détruite, et il arrive, par exemple, que la moitié m devient bleue, et que la moitié m' se colore en rouge pur. Cet effet est dû à ce que le pouvoir du liquide vient s'ajouter à celui de même sens de l'un des deux quartz de la plaque à double rotation p', et affaiblit d'autant celui de sens opposé du second quartz. Mais pour rendre de nouveau aux deux moitiés du disque leur

(1) Les tubes, *fig.* 7, 7 *bis*, 8 et 1 *bis*, dont on se sert pour contenir les liquides soumis à l'observation, sont en cristal, à parois épaisses et recouverts de cylindres de cuivre cc', dans lesquels ils sont assujettis avec du mastic. Leur diamètre est intérieurement environ de 1 centimètre et extérieurement de 3 centimètres. Dressés avec soin sur chacune de leurs extrémités perpendiculairement à leur axe, ils se ferment au moyen de disques en verre uu' à surfaces parallèles. On détermine l'adhérence de ces disques en graissant légèrement les épaisseurs du tube, et on les recouvre avec des viroles en cuivre xx', que l'on visse avec force sur les cylindres cc'.

Les tubes sont simples, *fig.* 7, ou à tubulure latérale y, *fig.* 8. Les premiers ont 20 centimètres de longueur et les seconds 22 centimètres. Ces derniers sont munis de supports zz', destinés à maintenir la tubulure y dans une position verticale lorsqu'on les remplit par cette même tubulure. L'usage spécial de chacune de ces deux espèces de tubes sera expliqué dans l'exposé de la méthode.

Il est à remarquer qu'on a adapté aux tubes de 20 centimètres des viroles plus longues que celles des tubes de 22 centimètres, afin de conserver les mêmes dimensions extérieures.

teinte première et uniforme, il suffit de tourner le bouton B, soit de gauche à droite, soit de droite à gauche, suivant le sens du pouvoir du liquide, puisque, par ce mouvement, on augmente ou l'on diminue sur le trajet du rayon la somme de l'épaisseur des deux lames prismatiques *ll'*, et que l'on oppose ainsi à l'influence du liquide, soit un excès du pouvoir de ces lames sur celui de la plaque fixe *p''*, soit un excès du pouvoir de cette plaque sur celui des lames.

D'ailleurs le sens de la déviation et l'épaisseur du quartz employé pour neutraliser l'effet du liquide se reconnaissent immédiatement au moyen d'une échelle *ee'*, *fig.* 6, 1 et 1 *bis*, à deux graduations inverses, partant du même zéro, et d'un double vernier *vv'*. Cette échelle et ce vernier, tracés sur les montures métalliques des lames, éprouvent nécessairement un déplacement respectif qui suit celui des lames, et qui indique la position relative de celle-ci, c'est-à-dire l'augmentation ou la diminution de la somme de leur épaisseur sur le trajet du rayon. Les espaces que marquent les doubles chiffres 1 et 2 placés, les uns à droite, les autres à gauche du zéro de l'échelle, correspondent chacun à une marche de 1 millimètre de quartz; comme ces mêmes espaces de zéro à 1 et de 1 à 2 sont partagés en dix parties, et que chacune de ces parties, au moyen du vernier, se subdivise elle-même en 10, ce sont, en dernier résultat, des épaisseurs de 1 centième de millimètre que précise le vernier, et la sensibilité de l'instrument est telle, que l'égalité des teintes qu'il s'agit de rendre semblables peut même être appréciée pour une demi-division du vernier, ou pour un demi-centième de millimètre de quartz.

En ayant égard au mode d'action des substances solubles qui dévient les plans de polarisation de la lumière, mode d'après lequel l'effet est proportionnel au titre des dissolutions de ces substances et à l'étendue du trajet de rayon polarisé à travers le liquide, il sera facile de se rendre compte de l'emploi de l'instrument. On concevra que, sachant *à priori* qu'un mélange soumis à l'analyse ne contient qu'une substance active, le rapport préalablement connu du pouvoir rotatoire de cette substance à celui du quartz pris comme unité de mesure (1) pourra servir à déterminer la quantité de cette même substance qui est mélangée aux autres principes inactifs, pourvu que l'observation soit faite en plaçant les liquides dans des tubes de longueurs déterminées.

Mais, en outre, si parmi différentes substances actives réunies dans la même dissolution, une seule est de nature à changer, sous l'influence des circonstances déterminées où l'on placera le mélange, son pouvoir d'un sens et d'une intensité connus, contre un pouvoir d'un sens inverse et d'intensité égale ou proportionnelle, il sera encore évident que la différence que l'on remarquera entre les résultats d'une première observation qui précédera la réaction, et une seconde qui la suivra, exprimera également la quantité de la substance ainsi modifiée.

Or le sucre cristallisable proprement dit ($C^{12}H^{11}O^{11}$) est généralement dans l'une ou l'autre des deux conditions qui viennent d'être indiquées par rapport aux substances qui l'accompagnent dans les sucs naturels des végétaux et dans les produits commerciaux où l'on peut avoir intérêt à rechercher sa présence et à le doser.

Doué à l'état de solution d'un pouvoir rotatoire, toujours de gauche à droite et d'une intensité constante, quelle que soit son origine, il se convertit, par une réaction facile et

(1) On ne pourrait présenter d'objection valable contre ce mode de mesure que celle qui se rattacherait à ce fait, que toutes les substances qui agissent sur un rayon polarisé ne dispersent pas, suivant la même loi, les couleurs élémentaires de la lumière blanche; mais le quartz et les solutions saccharines, ainsi que M. Biot l'a reconnu depuis longtemps, déterminant des dispersions proportionnelles, l'instrument de M. Soleil est d'une exactitude irréprochable, tant qu'on ne le détourne pas de sa destination spéciale, la *saccharimétrie*.

prompte, en sucre incristallisable à pouvoir inverse, tandis qu'aucune des substances avec lesquelles on le rencontre, notamment celles qui existent dans le jus de la canne , de la betterave, du maïs et de l'érable, et dans les sucres bruts et les mélasses , ne subit la même réaction.

Telles sont les données fondamentales de la saccharimétrie optique ; mais avant de décrire l'ensemble des procédés d'application pratique et de régularisation que je propose, il me reste encore à expliquer un perfectionnement d'un très grand intérêt apporté en dernier lieu par M. Soleil au saccharimètre, et qui résulte de l'addition d'une pièce que cet opticien appelle le *producteur des teintes sensibles*.

Si les liquides soumis à l'observation étaient tous complétement incolores, et que la lumière employée pour les essais fût constamment de la lumière blanche, les colorations des deux demi-disques de l'image seraient toujours ramenées à la teinte sensible qui est nécessaire pour les égaliser avec certitude ; mais la couleur des dissolutions, la couleur du ciel ou la couleur de la lumière artificielle, si c'est à cette dernière qu'on a recours, venant à s'ajouter aux couleurs produites par la polarisation, changent la teinte et nuisent à l'observation.

Pour remédier à cet inconvénient, M. Soleil a eu l'heureuse idée d'adopter une disposition qui permet à l'observateur de modifier avec la plus grande facilité les différentes teintes qui se présentent.

Un tube, *fig.* 9 et 9 *bis*, contient en *n* un prisme de Nichol représenté séparément, *fig.* 10, et en *q* une lame de quartz taillée perpendiculairement à l'axe de cristallisation. Ce système se place à volonté à la partie antérieure de l'instrument dans une chape *k*, *fig.* 1, laquelle reçoit un mouvement de rotation au moyen de l'engrenage *h*, correspondant par la tige *h'* à un bouton *b*. Le prisme polarisateur *p* agit comme analyseur, relativement à ce système ; d'où il suit que le rayon polarisé dans le premier prisme n, *fig.* 9, et dispersé par la lame de quartz q, fournit, après son passage par le prisme p, une lumière colorée dont la teinte varie avec la position du prisme n. En faisant tourner le bouton b, on obtiendra donc une série de teintes parmi lesquelles on trouvera en général une couleur qui neutralisera avec plus ou moins d'exactitude la teinte du liquide ou de la lumière employée, et l'on retombera de cette manière presque dans les conditions d'un liquide incolore et d'une lumière blanche.

Cependant si l'une des couleurs simples, notamment le rouge, domine fortement dans les dissolutions qu'il s'agit d'observer, le mode de compensation dont il vient d'être question n'est plus suffisant, et il faut alors, de toute nécessité, décolorer ces mêmes dissolutions avant de les soumettre à l'instrument. On verra tout à l'heure comment on y parvient sans nuire à la régularité des résultats.

Indiquons maintenant, en détail, la méthode d'analyse (1).

(1) Avant de procéder aux observations, on doit s'assurer que l'instrument est parfaitement réglé. A cet effet, après avoir placé en V, *fig.* 1, un tube vide, ou mieux rempli d'eau, afin de produire une réfraction se rapprochant de celle des liquides sucrés que l'on se propose d'analyser, et dès lors d'être dispensé de changer le pointé de la lunette L, on fait coïncider exactement le zéro du vernier avec celui de l'échelle, et l'on examine si les deux moitiés du disque coloré présentent bien la même teinte. S'il en est autrement, c'est que la section principale du prisme analyseur et celle du prisme polarisateur ne sont pas dans leur position normale ; on les ramènera à cette position en faisant tourner l'analyseur au moyen du bouton s, *fig.* 1 et 1 *bis*, jusqu'à ce que l'on cesse d'apercevoir une différence de coloration entre les deux moitiés du disque.

Il faudra ensuite, par un mouvement convenable donné au bouton b, reproduire la teinte sensible qui fera le plus ordinairement reconnaître une légère inégalité de nuance inappréciable avec toute autre teinte, et par un nouveau mouvement du bouton s, on obtiendra l'égalité la plus parfaite. On retirera alors le bouton s du carré sur lequel il entre à frottement, afin que la position du prisme analyseur ne puisse être dérangée par un mouvement que l'on donnerait involontairement à ce bouton.

9

Les opérations sur lesquelles elle repose sont les suivantes :

1° Faire des dissolutions titrées des substances soumises à l'analyse ;

2° Déféquer à froid les dissolutions troubles et les décolorer au besoin, sans fausser leur titre, par un moyen prompt et facile ;

3° Régler en peu d'instants l'inversion par un acide du pouvoir du sucre cristallisable sur la lumière polarisée ;

4° Enfin apprécier l'influence de la température sur les notations.

Titre des dissolutions.

16^{gr},471 de sucre candi parfaitement sec et pur, étant dissous dans l'eau, donnent une liqueur qui, élevée au volume de 100 centimètres cubes, et observée dans un tube de 20 centimètres de longueur, *fig.* 7, détermine une déviation du plan de polarisation, que compense l'action de 1 millimètre de quartz ; c'est-à-dire que pour rétablir entre les deux moitiés du disque lumineux, *fig.* 5, l'égalité de teinte que détruit l'influence de cette dissolution, il faut faire varier l'épaisseur des lames prismatiques de quartz, en tournant le bouton B, *fig.* 1, de telle sorte que le vernier marque un déplacement de 100 divisions de l'échelle. C'est à cette donnée fondamentale que l'on doit rapporter en premier lieu l'observation d'une substance saccharine quelconque. Il est évident que, si cette substance ne contient aucun principe autre que le sucre cristallisable, qui agisse sur la lumière polarisée, sa richesse saccharine se trouvera exprimée en centièmes de son poids par les résultats de l'observation d'une dissolution réglée comme on vient de l'indiquer. Ainsi, par exemple, sa teneur en sucre cristallisable sera de 50 pour 100, si l'égalité de teinte du disque lumineux a été reproduite en imprimant à l'instrument une marche de 50 divisions.

Les vases dont on se sert pour préparer les dissolutions

sont des matras à fond plat et à col étroit, *fig.* 11, dont la capacité se trouve indiquée par un trait de jauge. Il est utile d'en avoir de plusieurs grandeurs, soit, par exemple, de 100, 200 et 300 centimètres cubes, ou du moins de capacités qui soient des multiples du nombre 5. Cette dernière condition étant remplie, une série de poids spéciaux, au nombre de 7, disposés comme l'indique la *fig.* 12, suffit pour faire les pesées rapidement et préparer les dissolutions avec exactitude.

Défécation et décoloration.

Il arrive souvent que les dissolutions sont troubles et fortement colorées, et qu'elles ne pourraient être observées dans cet état. Il faut alors les clarifier, et sinon les rendre complétement incolores, ce qui n'est pas toujours possible, du moins en affaiblir et modifier la teinte. Ce double résultat s'obtient dans la plupart des cas au moyen d'un seul réactif, le sousacétate de plomb. A cet effet, après avoir introduit dans le matras la substance à analyser avec une certaine quantité d'eau, on réserve un espace de quelques centimètres cubes que l'on remplit jusqu'au trait de jauge avec une dissolution saturée de sous-acétate de plomb; on agite le mélange, et immédiatement les principes colorants se précipitent tous ou presque tous, et entraînent avec eux les corps en suspension qui troublaient la liqueur. Il ne reste ensuite qu'à filtrer cette liqueur avant de l'observer. Pour ne pas multiplier les transvasements, il est convenable de recueillir directement le produit de la filtration dans les tubes, *fig.* 13. Toutefois certaines substances, particulièrement les mélasses, ne seraient pas suffisamment décolorées par le sous-acétate de plomb. Pour leur enlever une teinte rouge, qu'elles conserveraient encore après avoir été traitées par ce sel, il faut de plus les filtrer sur le noir animal.

J'emploie pour cela des tubes en verre, *fig.* 14, qu'on voit en section horizontale, *fig.* 14 *bis;* ils sont garnis à leur partie inférieure d'une double virole de cuivre, *fig.* 15, retenant un feutre de laine au-dessus duquel on place un tampon de coton cardé. Une pièce creuse, conique et à vis, recouvre le tout et se termine par un robinet R. Sur ces tubes s'adaptent des entonnoirs en fer-blanc, *fig.* 16, munis d'une soupape ou bouchon, que l'on peut enlever au moyen d'un fil de fer qui s'y trouve attaché. Le bouchon étant en place, on verse dans l'entonnoir une quantité de noir en grains fins, égale en volume au quart de la liqueur que l'on veut blanchir, et dont il convient de préparer au moins 300 centimètres cubes. Cette quantité de noir est mesurée au moyen d'un des verres gradués W, *fig.* 14, humectée avec une partie de la liqueur, agitée et introduite dans le tube en retirant le bouchon de l'entonnoir; on tasse la matière par secousses, et l'on verse le reste de la liqueur, qui ne tarde pas à filtrer. Si l'on recueillait indistinctement la totalité de la liqueur filtrée, le titre serait altéré, car le charbon exerce d'abord une absorption sur le sucre; mais en séparant la première partie de la filtration, soit une quantité au moins égale à celle du charbon, quantité que l'on reçoit dans le verre gradué déjà employé pour mesurer celui-ci, la liqueur qui passe ensuite conserve son titre primitif, bien que, pour obtenir une plus complète décoloration, on la reverse à différentes reprises sur le noir.

Inversion.

Les préparations qui viennent d'être décrites suffisent à la détermination de la quantité de sucre cristallisable que contiennent les substances où l'on sait que le sucre est le seul principe qui déplace le plan de polarisation; mais si l'on suppose que d'autres principes actifs s'y trouvent réunis, c'est dans cette circonstance que l'on a recours à l'*inversion*, c'est-à-dire à la transformation, par l'action d'un acide, du sucre cristallisable à pouvoir de gauche à droite, en sucre incristallisable à pouvoir inverse. Voici comment on y procède:

La liqueur déféquée, filtrée et rendue incolore, après avoir été soumise à une première observation dont il est pris note, est introduite dans un matras, *fig*. 17, dont le col est marqué de deux traits de jauge indiquant, l'un une capacité de 50 centimètres, et l'autre un volume de 55 centimètres, de telle sorte que l'intervalle qui existe entre les deux traits soit égal au dixième de la capacité la plus grande. On verse la liqueur seulement jusqu'à la hauteur du premier trait, et l'on y ajoute, jusqu'au niveau du second trait, de l'acide chlorhydrique pur et fumant. On agite pour que le mélange soit complet, et l'on place le matras dans un bain-marie, *fig*. 18, après y avoir plongé un thermomètre. La température est portée, au moyen d'une lampe à alcool, jusqu'à + 68 degrés, en réglant la flamme de manière que la durée du chauffage soit de dix minutes environ ; on retire ensuite le matras du bain-marie et on le dépose dans un second vase rempli d'eau froide, *fig*.19, afin de ramener la liqueur à la température ambiante. La réaction étant alors terminée, on observe la dissolution acidulée en la renfermant cette fois dans un tube de 22 centimètres de longueur, *fig*. 8, l'excédant de cette longueur sur celle du tube employé pour la première observation étant destiné à compenser l'effet produit par l'addition de l'acide.

On remarquera maintenant que pour rétablir l'égalité de teinte, il faut faire avancer l'index, c'est-à-dire le zéro du vernier, d'un certain nombre de divisions vers la droite, en partant de la position que lui avait donnée la première observation, ce qui le placera soit à gauche, soit à droite du zéro de l'échelle principale, suivant l'intensité et le sens du pouvoir des substances actives réunies au sucre cristallisable et sur lesquelles l'acide n'a pas d'action ; mais il est évident que dans tous les cas la distance parcourue par l'index mesurera la somme de l'action du sucre cristallisable observée avant l'acidulation, et de celle en sens inverse du sucre incristallisable qui aura été produit sous l'influence de l'acide. En effet, si l'acidulation n'avait fait que détruire l'action du sucre cristallisable, la seconde rotation ne différerait de la première que du nombre de divisions représentant cette action ; mais elle a transformé la totalité de ce sucre en sucre incristallisable à pouvoir contraire ; l'action de ce nouveau sucre s'ajoutera par conséquent à la différence due à la destruction de l'action du sucre cristallisable.

Influence de la température.

Si le coefficient de l'inversion, c'est-à-dire le rapport numérique du pouvoir du sucre interverti au pouvoir du sucre incristallisable, était constant, le problème serait résolu par le résultat des deux observations qui viennent d'être indiquées ; mais la température exerce sur les propriétés optiques des sucres à pouvoir déviateur vers la gauche une influence très prononcée que M. Mitscherlich a le premier signalée, soit que ces sucres proviennent du traitement par les acides du sucre cristallisable, soit qu'on les rencontre à l'état naturel dans les sucs des végétaux. J'ai observé également cette influence, et, après en avoir étudié la loi, j'ai dressé la Table ci-jointe, donnant pour chaque degré de température les sommes des notations directe et inverse correspondant aux différents titres des dissolutions. Cette Table est construite pour des titres croissant par centième (avant-dernière colonne A) et pour des températures croissant par degrés depuis + 10 degrés jusqu'à + 35 degrés ; ce parcours répond aux éventualités de la pratique, soit en Europe, dans les fabriques, soit aux colonies.

Pour noter la température à laquelle l'observation est faite, on se sert du tube, *fig*. 8, muni d'une tubulure verticale, et l'on place dans cette tubulure un thermomètre *t*, *fig*. 8 et 8 *bis*, disposé de telle sorte que, par un mouvement de frottement de la monture métallique *i* sur la tubulure, on fasse pénétrer à volonté son réservoir jusqu'au centre même du tube, où on le soulève au-dessus du trajet du rayon, afin de laisser passer la lumière.

Voici deux exemples de l'emploi de la Table :

1° Soit une dissolution d'une substance saccharine préparée dans les rapports de poids et de volume normaux indiqués ci-dessus et donnant avant l'acidulation une notation sur la partie gauche de l'échelle de . . . . 75 divisions.

Et après l'inversion (la température d'observation étant de + 15 degrés) une notation de sens inverse de. 20

Somme de l'inversion. . . . . 95 divisions.

2° Soit encore une autre liqueur préparée dans les mêmes conditions, donnant avant l'inversion la notation à gauche de. 80 divisions.

Et après l'inversion, à la température de + 20 degrés, une notation encore de même sens, mais seulement de. 26

Différ. exprimant la valeur de l'inversion. 54 divisions.

Les titres des substances des deux dissolutions se trouveront : pour la première, en cherchant quel est le chiffre de la colonne afférente à la température de 15 degrés, qui se rapprochera le plus de la somme d'inversion, 95 divisions ; on reconnaîtra que ce chiffre est celui 95,5, et qu'il correspond au titre 70, porté sur la même ligne horizontale dans l'avant-dernière colonne A : d'où l'on conclura que la substance contenait 70 pour 100 de sucre.

Pour la seconde dissolution, le chiffre le plus rapproché de celui de 54 sera 53,6, dans la colonne ouverte pour la température de + 20 degrés, et le titre cherché sera celui de 40 pour 100 porté à la même hauteur dans la colonne des titres. Enfin on trouvera, en outre, dans la dernière colonne B de la Table, l'indication de la quantité en grammes et centigrammes du sucre contenu par litre dans les dissolutions, et l'on verra que cette quantité est de 115^{gr},29 pour la première, et de 65^{gr},88 pour la seconde.

Passons à des applications en indiquant les moyens accessoires que chacune comporte, et supposons d'abord qu'il soit question d'analyser des cannes à sucre.

Analyse des cannes à sucre.

On formera un échantillon moyen du poids de 200 grammes avec des tranches de cannes coupées au couteau. Ces tranches, soumises à l'action d'une petite presse métallique, *fig.* 20, dont l'énergie, d'après le rapport de la surface de pression à la force du levier, sera au moins égale à la puissance des plus forts moulins à cylindres employés dans les exploitations, donneront un jus (vesou) que l'on versera dans un matras, *fig.* 11, marqué de deux traits de jauge indiquant les capacités de 100 et de 110 centimètres cubes. La liqueur sera élevée seulement jusqu'au trait de la capacité principale; et pour la déféquer et la décolorer, s'il est nécessaire, on ajoutera 5 centimètres cubes environ de sous-acétate de plomb, puis assez d'eau pour atteindre le second trait de jauge. Un autre mode de défécation peut être encore employé avec succès et quelquefois même doit être préféré. Il consiste à faire usage, au lieu de sous-acétate de plomb, d'une dissolution (1) de colle de

(1) Cette dissolution doit être préparée en faisant macérer à froid dans une petite quantité d'eau (25 centilitres à peu près), pendant trente heures, 5 à 6 grammes de colle de poisson. La macération est facilitée en divisant la membrane en très petits morceaux que l'on malaxe fortement lorsque le temps nécessaire est écoulé. L'espèce de pâte ainsi obtenue est délayée avec

poisson et d'alcool. On verse d'abord 5 centilitres de cette dissolution ; on mélange avec précaution pour éviter de produire de la mousse, en retournant doucement et à plusieurs reprises le matras fermé avec le doigt ; on ajoute de l'alcool ordinaire jusqu'au trait qui indique la capacité de 110 centimètres cubes, et l'on agite vivement. La colle de poisson est coagulée par l'alcool, et en deux minutes au plus le jus est complétement clarifié, comme avec le sous-acétate de plomb, en même temps qu'il se trouve étendu dans un rapport connu, celui du dixième de son volume. On le filtre et on le soumet à l'observation, en se servant, si l'on veut se dispenser de toute correction du résultat, d'un tube de 22 centimètres, afin de compenser l'effet de la dilution produite par l'addition des substances défécantes, sous-acétates de plomb ou colle de poisson et alcool.

Dans le cas, au contraire, où l'on emploierait un tube de 20 centimètres, il faudrait que le titre trouvé fût augmenté d'un dixième, à cause de la dilution.

Du reste, en traitant le vésou ou tout autre jus comme il vient d'être indiqué, c'est la richesse saccharine par volume que l'on constate ; mais il est facile de convertir le résultat en poids, en prenant la densité de la liqueur et en divisant par le chiffre qui exprime cette densité le poids du sucre correspondant à l'unité de volume.

Nous donnerons un exemple de l'analyse que nous venons de décrire.

1 décilitre soit de vin blanc, soit d'eau alcoolisée, et on la passe à travers un tamis de soie. Enfin la masse gélatineuse et opaline ainsi obtenue est étendue avec de l'eau en portant à 1 litre le volume total du mélange. Cette liqueur se conserve pendant au moins quinze à vingt jours sans s'altérer, suivant la température. On doit la tenir dans un flacon non bouché ou simplement couvert avec du papier. On évite de s'en servir lorsqu'elle devient fortement acide.

200 grammes d'une canne de Taïti cultivée aux Antilles ont laissé, après l'action de la presse, une pulpe pesant 48 grammes ; on a donc obtenu 152 grammes de vesou dont la densité a été reconnue de 1085, et ce vesou, observé au saccharimètre après défécation, a donné une notation directe de, divisions. 113,0

Plus le dixième pour cause de la dilution résultant de l'addition des substances défécantes. . . .   11,3

                            Total. 124,3

La notation inverse, après l'acidulation, a été, à la température de $+ 25$ degrés. . . 36,0

Plus le dixième de ce nombre, toujours à cause de la dilution. 3,6   39,6

Somme de ces deux notations. 163,9

Ce qui indique, suivant la Table, une quantité de sucre par litre de 204^{gr},24. On remarque en même temps que le nombre 124,3 donné par la première notation ne diffère que par la fraction $\frac{3}{10}$, entièrement négligeable, de celui porté dans l'avant-dernière colonne de la Table, vis-à-vis le nombre 204,24 ; d'où l'on doit conclure que le vesou analysé ne contenait très probablement aucune substance active autre que du sucre cristallisable.

D'un autre côté, la proportion suivante, 1085 (poids du litre) : 204,24 (poids du sucre par litre) :: 1 : x, donnant pour la valeur de x 0,1882, établit que ce vesou contenait 18,82 pour 100 de sucre. Enfin, en multipliant 0,1882 par 152 grammes, poids du vesou exprimé, on voit que la quantité totale de sucre contenue dans ce vesou était de 28^{gr},60, ce qui répond à 14,30 pour 100 du poids de la canne.

Cette analyse s'accomplit en trois quarts d'heure au plus ; elle se terminerait en moins d'une demi-heure si l'on se bornait à l'observation directe, c'est-à-dire si l'on s'abstenait de recourir à l'épreuve de l'inversion.

Analyse de la betterave.

Cette analyse ne diffère de celle de la canne que dans la préparation de la pulpe, et en ce que la défécation et la décoloration du jus doivent nécessairement s'effectuer par le sous-acétate de plomb, et non indifféremment par ce réactif ou par la colle de poisson et l'alcool.

La pulpe se râpe avec une petite râpe à main, et comme pour l'analyse de la canne, il est convenable d'en prendre 200 grammes que l'on soumet à la presse, 100 grammes par 100 grammes, en les enveloppant dans un linge. L'action de la presse doit être dirigée avec ménagement, en laissant s'écouler quelques minutes entre les pressions successives que l'on exerce sur le levier, et doit durer environ un quart d'heure. On obtient ainsi un résultat très comparable à celui que donnent les presses hydrauliques dans les fabriques, et l'on retire de la presse deux tourteaux qu'il est utile de peser pour connaître la quantité de jus que l'on peut obtenir en grand, en déduisant leur poids de celui de la pulpe pressée. Quelle que soit l'espèce des betteraves, la défécation du jus et sa décoloration presque absolue s'opèrent avec la plus grande facilité par le sous-acétate de plomb, et par suite l'observation est toujours précise. Elle nécessite généralement l'épreuve de l'inversion, parce que les betteraves contiennent, indépendamment du sucre cristallisable, une certaine quantité d'un principe agissant dans le même sens que ce sucre sur la lumière polarisée, mais dont l'action n'est pas modifiée par les acides. L'acidulation s'opère comme il a été indiqué ci-dessus pour la canne, et il est à observer que la liqueur acidulée contenant souvent un excès de sous-acétate de plomb employé pour la défécation, l'addition de l'acide donne naissance à un chlorure de plomb qu'il faut séparer par la filtration.

Un tableau des résultats de trente-quatre analyses de betteraves ainsi opérées est ci-joint.

Analyse des sucres bruts.

La détermination du titre des sucres bruts, soit de canne, soit de betterave, ne nécessite que très peu d'observations particulières.

C'est toujours sur un poids normal de $16^{gr},471$ de ces sucres qu'il convient d'opérer, et la dissolution se prépare dans un matras de 100 centimètres cubes, c'est-à-dire de la capacité qui correspond à ce poids.

L'échantillon, objet de l'essai, doit être, en premier lieu, trituré dans un mortier, afin qu'il soit bien homogène dans toute la masse et qu'il ne reste pas de parties agglomérées qui se dissoudraient difficilement. Après la pesée, le sucre est introduit, avec 50 ou 60 centimètres cubes d'eau, dans le matras au moyen d'un entonnoir en fer-blanc, à col cylindrique. On agite, et lorsque tout le sucre est dissous, si la teinte l'exige, on décolore par le sous-acétate de plomb, en ajoutant la quantité d'eau nécessaire pour donner à la liqueur le volume exact de 100 centimètres cubes. On filtre, on observe une première fois, on acidule et l'on observe de nouveau.

Une seule analyse se termine ainsi en vingt-cinq ou trente minutes. Cinq ou six essais peuvent se faire simultanément en deux heures environ. Si l'on s'en tenait à l'épreuve directe, et l'expérience prouve qu'elle est généralement suffisante pour les sucres bruts, attendu qu'il est très rare que la contre-épreuve fasse ressortir quelques faibles différences, le même nombre d'essais exigerait la moitié, au plus, du temps qui vient d'être indiqué.

Nous donnons un tableau de cinquante de ces essais. L'ordre des nuances y détermine en premier lieu le classement, et l'on voit dans quel rapport ces nuances se rapprochent ou s'écartent du titre du sucre.

Analyse des mélasses.

Les essais de mélasse exigent, ainsi que nous l'avons déjà expliqué, que les dissolutions soient décolorées avec soin.

On opère sur un poids qui est triple du poids normal de $16^{gr},471$, et l'on prend, par conséquent, $49^{gr},413$ de mélasse que l'on pèse dans une capsule à bec en porcelaine ou en métal ; on délaie d'abord la substance avec de l'eau versée peu à peu, et on la transvase dans un matras de 300 centimètres cubes, en lavant la capsule et en ajoutant les eaux de lavage. Enfin on complète par une nouvelle quantité d'eau le volume de 300 centimètres cubes.

La liqueur ainsi préparée est d'abord filtrée sur du noir animal en grains fins au moyen de l'un des tubes que représente la *fig.* 14, puis traitée par le sous-acétate de plomb et passée de nouveau sur du noir.

On emploie pour la première filtration 80 centimètres cubes de charbon, et dès qu'on a recueilli au-dessous du filtre un volume de la dissolution au moins égal à celui du noir, on le met à part, son titre étant faussé par l'action initiale du noir. La liqueur qui continue à passer, et qui conserve au contraire son titre primitif, est reçue séparément. On la reverse dix à douze fois sur le noir pour lui faire atteindre le maximum de décoloration qu'il peut donner : d'ailleurs on évite que le noir ne se découvre, afin qu'il ne s'introduise pas dans la masse des bulles d'air qui nuiraient à la filtration. Lorsqu'on reconnaît que le pouvoir décolorant du noir est épuisé, et au moment où le dernier égouttage commence à s'arrêter, on verse dans le tube les premiers 80 centimètres cubes de dissolution tenus en réserve, afin d'obtenir par déplacement une partie de la liqueur qui imbibe le charbon, soit environ 40 centimètres cubes. Cette partie est réunie au produit de la filtration principale, et l'on a en tout un volume de 200 centimètres cubes d'une dissolution dont le titre est régulier.

La liqueur, dans cet état, ne présente plus qu'une téinte jaune clair qui ne nuit en aucune manière à l'observation directe. Mais, en l'acidulant, elle passe au rouge, ce qui rendrait la seconde épreuve impossible; et c'est pour empêcher cet effet qu'on a recours à la réaction du sous-acétate de plomb, et ensuite à une seconde filtration sur le noir animal.

Le sous-acétate s'emploie en procédant de tous points comme pour le vesou ou le jus de la betterave, et dès lors l'augmentation de volume dans le rapport d'un dixième, qui résulte de son emploi, doit entrer en ligne de compte dans le résultat de l'analyse.

Enfin la dernière filtration s'opère en faisant usage de 60 centimètres cubes de noir; elle nécessite, comme la première, la séparation d'un volume de dissolution égal à celui du noir : on obtient ensuite 80 centimètres cubes de liqueur bien décolorée. Cette quantité est suffisante pour les deux observations directe et indirecte. Seulement il est nécessaire de reprendre pour l'acidulation la liqueur déjà observée sans acide.

Un essai complet de mélasse dure environ une heure et demie. C'est évidemment un des plus utiles auxquels les fabricants et les raffineurs puissent se livrer, la quantité de sucre qui reste dans la mélasse, dernier produit des opérations, indiquant le plus ou moins de succès du traitement des jus et des sucres bruts.

Analyse des mélanges de sucres bruts ou de sucres raffinés avec les glucoses concrets.

Le procédé à suivre pour cette analyse ne diffère que par un point de celui déjà indiqué pour les sucres bruts naturels et non mélangés.

Le pouvoir sur la lumière polarisée des glucoses (sucre de fécule, de raisin et de diabète), rapidement dissous, décroît, soit avec le temps sous la température ambiante, soit immédiatement si l'on a recours à la chaleur, et il s'arrête à un.

point fixe. Il suffit, pour que l'effet soit complet et pour écarter ainsi toute cause de trouble dans l'analyse, d'élever la température de la dissolution à plus de 80 degrés au moyen du bain-marie, et de laisser refroidir.

Analyse des sucres combinés avec les alcalis.

Des observations que l'on doit à M. Dubrunfaut établissent que le sucre, dans ses combinaisons avec les alcalis, particulièrement avec la chaux, perd une partie de son pouvoir rotatoire.

On aurait donc des résultats inexacts, si, en se proposant de doser le sucre par les moyens optiques dans des mélanges qui contiennent des sucrates alcalins, on ne détruisait pas l'effet dû à la présence des alcalis. Pour y parvenir, je verse dans ces dissolutions de l'acide acétique en excès; aussitôt le sucre reprend son pouvoir primitif, et l'essai se continue sans obstacle.

Ici se terminent les exemples que je me proposais de citer pour la recherche et le dosage du sucre cristallisable.

C'est surtout à l'égard de ce sucre que l'analyse par les caractères optiques donne des résultats certains à raison des moyens de contrôle que fournit le procédé de l'inversion. Ce contrôle n'existe pas pour le dosage, par les mêmes caractères, des sucres incristallisables, attendu que l'on ne connaît pas jusqu'à présent d'agent qui modifie le pouvoir rotatoire de ceux-ci, à droite pour les uns, à gauche pour les autres, et qui permette de les distinguer de divers principes qui agissent sur la lumière, et qui peuvent se trouver réunis au sucre, tels que l'acide tartrique, la dextrine et différentes espèces de gommes. Mais lorsqu'il s'agit de doser les sucres incristallisables dans des liqueurs que l'on sait ne contenir aucun de ces principes, ou dont on peut séparer avec facilité ceux qui s'y rencontrent, l'observation directe de leur pouvoir donne une solution aussi simple que précise. Or c'est ce qui a lieu particulièrement, d'une part, pour le jus de raisin, dont le sucre, que l'on s'accorde à considérer comme identique avec celui qui est produit par l'action des acides sur le sucre cristallisable, dévie le plan de polarisation de droite à gauche ; de l'autre, pour les urines de diabète, qui contiennent un sucre probablement identique avec le sucre de fécule, et dont le pouvoir s'exerce de gauche à droite.

Analyse des jus de raisin.

Le dosage du sucre dans les jus de raisin a une grande importance , en ce qu'il fait connaître à l'avance la richesse alcoolique du vin que produiront ces jus. M. Bouchardat a fait une belle application de ce dosage par la polarisation aux produits de nombreux cépages qu'il a examinés. Il élimine l'acide tartrique que contiennent les jus par le sous-acétate de plomb, et termine la décoloration que commence ce réactif au moyen du noir animal. D'ailleurs, il tient compte de la température qui agit sur le pouvoir du sucre naturel du raisin, ou plutôt il a le soin d'opérer à une température constante, celle de $+$ 15 degrés ; et de ses observations contrôlées, en dosant, avec l'appareil de M. Gay-Lussac, l'alcool produit par la fermentation des mêmes jus, il conclut qu'à cette température une déviation de 2 degrés des instruments ordinaires de polarisation , déterminée par une colonne de liquide de 50 centimètres de longueur , correspond à 1 pour 100 d'alcool. En opérant avec l'appareil de M. Soleil , et en se servant du tube normal de 20 centimètres de longueur, le même pouvoir rotatoire donnerait une notation de 3 divisions $\frac{4}{3}$.

Urines diabétiques.

Le sucre de diabète, à l'état naturel dans les urines, dévie vers la droite le plan de polarisation. Il suffit, pour constater sa présence et le doser au moyen de cette propriété optique , de clarifier les urines par le sous-acétate de plomb ou par le noir animal. Son pouvoir est à celui du sucre cristallisable comme 73 sont à 100 , et une notation de 100 divisions sur l'échelle de l'instrument, l'observation étant faite dans un tube de 20 centimètres , correspond à une quantité de 225^{gr},63 de sucre par litre d'urine.

On emploie dix minutes au plus pour un essai d'urine, et l'on peut suivre ainsi, avec la plus grande facilité, les progrès ou l'affaiblissement de la maladie dans toutes ses phases.

Détermination des rendements industriels des substances saccharifères.

La connaissance de la teneur en sucre des substances saccharifères importe à l'industrie, en ce qu'elle lui montre le but vers lequel doivent tendre ses efforts , c'est-à-dire l'extraction la plus complète de ce sucre, en l'isolant et le purifiant. Mais les procédés de fabrication et de raffinage, bien qu'en progrès, ne donnent cependant pas le moyen de retirer des sucs des végétaux, des sucres bruts, des sirops et des mélasses, la totalité du sucre réel qu'on y rencontre. De là l'utilité incontestable de la détermination du rendement possible de ces substances, d'après les moyens d'extraction dont on dispose.

La difficulté de cette extraction provenant surtout de la présence des matières diverses qui accompagnent le sucre, j'ai pensé qu'en constatant d'une manière pratique et usuelle la quantité plus ou moins grande de ces matières, on pouvait déduire le rendement. A cet effet, je prépare dans les rapports de poids et de volumes indiqués pour les essais de saccharimétrie optique une dissolution de la substance (sucre brut, jus ou sirop) qui est l'objet de l'évaluation , et je prends avec précision sa densité. Je reconnais ensuite, en ayant recours au saccharimètre, quelle est la quantité de sucre que cette dissolution contient , et je défalque du chiffre total qui exprime la densité la portion de cette même densité que , suivant une

Table régulière du poids des mélanges de sucre et d'eau, on doit attribuer à la présence du sucre. L'excédant de densité se rapportant aux substances autres que le sucre est ainsi mis en évidence, et, dans le système que je propose, il indique la quantité de sucre que, selon chaque mode constant de fabrication, on ne pourra extraire, et, par opposition, la quantité de sucre *extractible*, c'est-à-dire le rendement. Mais, pour arriver à la détermination cherchée, les rapports de densité dont il s'agit doivent être préalablement étudiés, une fois pour toutes, dans les produits ordinaires de chaque fabrication ; puis les résultats de cette observation normale sont comparés avec ceux des observations usuelles et de même ordre auxquelles on soumet les jus, sirops ou sucres bruts que l'on se propose de traiter par les procédés qui ont donné ces mêmes produits.

Un exemple fera comprendre cette opération. Nous admettrons qu'il soit question d'apprécier le rendement d'un sucre brut destiné à être traité dans une raffinerie où le travail est actuellement conduit de telle sorte, que deux espèces de produits sont uniquement obtenus, du sucre complétement épuré et de la mélasse.

Dans cette hypothèse, l'observation normale portera sur cette mélasse, dont on préparera une dissolution en procédant comme il a été expliqué à l'article de l'analyse optique des mélasses, mais en se servant d'eau distillée, et l'on en prendra la densité, qui sera par exemple, l'observation étant faite à la température de $+$ 15 degrés, de. 1,0520

Cette même dissolution sera examinée au saccharimètre, et nous supposerons qu'il sera reconnu que le titre saccharin de la mélasse est de 37 pour 100 ; or la Table dressée pour les analyses optiques et celle du poids des mélanges de sucre et d'eau indiqueront, savoir : la première, que la dissolution contient 60^{gr},94 de sucre par litre, et la seconde, que cette quantité de sucre est comprise dans la densité mentionnée ci-dessus pour.. 1,0230

On aura dès lors, pour l'excédant de densité provenant de la présence des substances autres que le sucre. 0,0290

Après avoir terminé ce premier essai, dont les résultats serviront de base à toutes les déterminations de rendement se rapportant à un même mode de fabrication, mais séparément au traitement, soit des sucres de canne, soit des sucres de betterave (1), on procédera à l'examen du sucre brut.

Ce sucre sera dissous dans de l'eau distillée, toujours en observant les rapports de poids et de volume que nécessite l'analyse optique.

Supposons que la densité de la dissolution, à la température de + 15 degrés, soit de. 1,0615

Admettons aussi qu'il soit reconnu au saccharimètre que la quantité de sucre réel contenu dans le sucre brut est de 87 pour 100. On en conclura que si ce sucre était la seule substance pondérable dissoute, la densité de la liqueur serait seulement de.. 1,0542

Et l'on reconnaîtra que les substances autres que le sucre déterminent un excédant de densité de.. . 0,0073

---

(1) La distinction à établir ici entre les sucres de canne et les sucres de betterave est importante, en ce que les mélasses qui proviennent des sucres de canne retiennent, à cause de la nature des substances autres que le sucre qui entrent dans leur composition, moins de sucre cristallisable que celles du sucre de betterave. Dans les premières, il en reste communément de 35 à 37 pour 100, tandis qu'on en reconnaît dans les secondes de 40 à 50 pour 100, lorsqu'on n'a pas employé pour les réduire le système des citernes. Le traitement convenablement dirigé des mélasses de betterave dans les citernes paraît les amener, au moyen de la cristallisation lente que l'on obtient ainsi au milieu d'une grande masse de liquide, à un titre saccharin sensiblement le même que celui des mélasses de canne ; mais beaucoup de raffineries ne sont pas munies de citernes à mélasse.

Alors, dans cet exemple, la proportion suivante donnera
le chiffre d'évaluation du rendement.

0,0290 (excédant de la densité de la dissolution de mélasse) sont à 0,37 (sucre contenu dans cette mélasse et
inextractible) comme 0,0073 (excédant de la densité de la
dissolution du sucre brut) sont à x.

Or la valeur de x sera de 9,3, et ce chiffre exprimera la
quantité de sucre inextractible engagée dans le sucre brut,
comme aussi la différence de 9,3 à 87 indiquera la quantité
de sucre que l'on pourra extraire, soit 77,7 pour 100.

En dernier résultat, le mode d'évaluation que j'indique
repose sur cette considération, que dans les fabriques de sucre et les raffineries régulièrement conduites, on détruit peu
de sucre pendant la durée des opérations ; mais qu'on en laisse
nécessairement une quantité notable engagée dans la mélasse,
et que cette quantité varie suivant le plus ou moins d'abon-
dance des substances diverses qui accompagnent le sucre,
sels minéraux ou organiques, mucilages ou glucoses. Nul
doute qu'en dehors de cette cause on ne doive tenir compte
d'un [déchet matériel de fabrication, mais ce déchet me paraît devoir être attribué moins à une transformation du sucre
contenu dans les matières soumises au travail qu'à la perte
de ce qui reste attaché aux parois des vases ou tombe sur le
sol, et de ce que retiennent les filtres, et surtout le noir animal.

TABLE POUR L'ANALYSE DES SUBSTANCES SACCHARIFÈRES.

NOTA. Pour les liquides non soumis à l'acclimation, les deux dernières colonnes ont le caractère d'une table spéciale ; alors les chiffres de la colonne A représentent les nombres de degrés trouvés, et ceux de la colonne B les poids en grammes et centigrammes du sucre contenu dans un litre de liqueur.

Les nombres fournis par les analyses des sucres concrets seront nécessairement compris dans les cent premières lignes de la table ; les trente lignes suivantes ont été ajoutées pour l'analyse des principales liqueurs sucrées naturelles d'un titre élevé, particulièrement pour la détermination du titre du vesou et du jus de la betterave. S'il se présentait des liqueurs d'un titre encore plus élevé, on les ferait rentrer dans les limites de la table en les étendant d'eau dans un rapport déterminé et en tenant compte de cette dilution par le calcul.

SOMMES OU DIFFÉRENCES DES NOTATIONS DIRECTES ET INVERSES, CES DERNIÈRES ÉTANT PRISES A LA TEMPÉRATURE DE																										TITRES cherchés	
10°	11°	12°	13°	14°	15°	16°	17°	18°	19°	20°	21°	22°	23°	24°	25°	26°	27°	28°	29°	30°	31°	32°	33°	34°	35°	par poids A	par vol. B
1.4	1.4	1.4	1.4	1.4	1.4	1.3	1.3	1.3	1.3	1.3	1.3	1.3	1.3	1.3	1.3	1.3	1.3	1.3	1.3	1.3	1.3	1.3	1.3	1.3	1.3	1	1.64
2.8	2.8	2.8	2.7	2.7	2.7	2.7	2.7	2.7	2.7	2.7	2.7	2.6	2.6	2.6	2.6	2.6	2.6	2.6	2.6	2.6	2.5	2.5	2.5	2.5	2.5	2	3.29
4.2	4.1	4.1	4.1	4.1	4.1	4.0	4.0	4.0	4.0	4.0	4.0	4.0	3.9	3.9	3.9	3.9	3.9	3.9	3.8	3.8	3.8	3.8	3.8	3.8	3.8	3	4.94
5.5	5.5	5.5	5.5	5.4	5.4	5.4	5.4	5.4	5.3	5.3	5.3	5.3	5.3	5.2	5.2	5.2	5.2	5.2	5.1	5.1	5.1	5.1	5.1	5.0	5.0	4	6.58
6.9	6.9	6.9	6.9	6.8	6.8	6.8	6.7	6.7	6.7	6.7	6.6	6.6	6.6	6.6	6.5	6.5	6.5	6.5	6.4	6.4	6.4	6.4	6.3	6.3	6.3	5	8.23
8.3	8.3	8.2	8.2	8.2	8.1	8.1	8.1	8.1	8.0	8.0	8.0	7.9	7.9	7.9	7.8	7.8	7.8	7.7	7.7	7.7	7.7	7.6	7.6	7.6	7.5	6	9.88
9.7	9.7	9.6	9.6	9.5	9.5	9.5	9.4	9.4	9.4	9.3	9.3	9.2	9.2	9.2	9.1	9.1	9.1	9.0	9.0	9.0	8.9	8.9	8.9	8.8	8.8	7	11.53
11.1	11.1	11.0	11.0	10.9	10.9	10.8	10.8	10.8	10.7	10.7	10.6	10.6	10.5	10.4	10.4	10.4	10.3	10.3	10.2	10.2	10.2	10.1	10.1	10.1	10.1	8	13.17
12.5	12.5	12.4	12.4	12.3	12.2	12.2	12.1	12.1	12.1	12.0	11.9	11.9	11.8	11.7	11.7	11.7	11.6	11.6	11.5	11.5	11.4	11.4	11.4	11.3	11.3	9	14.82
13.9	13.9	13.8	13.7	13.6	13.6	13.5	13.5	13.4	13.3	13.3	13.2	13.1	13.1	13.0	12.9	12.9	12.8	12.7	12.7	12.7	12.6	12.6	12.6	12.5	12.5	10	16.47
15.3	15.2	15.2	15.1	15.0	15.0	14.9	14.8	14.7	14.7	14.6	14.5	14.5	14.4	14.3	14.1	14.1	14.1	14.0	14.0	14.0	13.9	13.8	13.8	13.8	13.8	11	18.11
16.7	16.6	16.6	16.5	16.4	16.4	16.3	16.2	16.1	16.1	16.0	16.0	15.9	15.8	15.7	15.6	15.6	15.5	15.5	15.4	15.4	15.3	15.3	15.3	15.2	15.2	12	19.76
18.1	18.0	17.9	17.9	17.7	17.7	17.6	17.5	17.5	17.3	17.3	17.2	17.2	17.1	17.0	16.9	16.8	16.8	16.6	16.6	16.6	16.5	16.4	16.4	16.4	16.2	13	21.41
19.5	19.4	19.3	19.2	19.1	19.0	18.9	18.8	18.7	18.6	18.5	18.4	18.3	18.3	18.2	18.1	18.0	18.0	17.9	17.9	17.8	17.8	17.7	17.7	17.7	17.2	14	23.05
20.8	20.7	20.6	20.5	20.4	20.3	20.2	20.1	20.0	19.9	19.9	19.8	19.7	19.6	19.5	19.4	19.3	19.2	19.1	19.0	19.0	18.9	18.8	18.7	18.7	18.6	15	24.70
22.2	22.1	22.0	21.9	21.8	21.6	21.5	21.4	21.3	21.2	21.1	21.0	20.9	20.8	20.7	20.6	20.5	20.4	20.3	20.2	20.1	20.0	19.9	19.8	19.7	19.6	16	26.35
23.6	23.5	23.3	23.2	23.1	23.0	22.8	22.7	22.6	22.5	22.4	22.3	22.2	22.0	21.9	21.8	21.7	21.6	21.5	21.3	21.2	21.1	21.0	20.9	20.8	20.7	17	28.00
25.0	24.9	24.8	24.7	24.5	24.3	24.2	24.1	24.0	23.9	23.8	23.6	23.5	23.4	23.3	23.1	23.0	22.9	22.8	22.6	22.5	22.4	22.3	22.2	22.0	21.9	18	29.64
26.4	26.3	26.2	26.0	25.8	25.7	25.5	25.4	25.3	25.2	25.1	24.9	24.8	24.7	24.6	24.4	24.3	24.2	24.0	23.9	23.8	23.7	23.5	23.4	23.3	23.1	19	31.29
27.8	27.7	27.5	27.4	27.2	27.1	27.0	26.8	26.7	26.5	26.4	26.3	26.1	26.0	25.8	25.7	25.6	25.5	25.3	25.2	25.1	24.9	24.8	24.7	24.6	24.4	20	32.94
29.2	29.1	29.0	28.8	28.6	28.5	28.4	28.2	28.1	28.0	27.8	27.7	27.6	27.4	27.3	27.1	27.0	26.8	26.7	26.5	26.4	26.3	26.1	26.0	25.8	25.7	21	34.58
30.6	30.5	30.4	30.2	30.1	30.0	29.8	29.7	29.5	29.3	29.2	29.1	28.9	28.7	28.6	28.5	28.3	28.2	28.0	27.9	27.8	27.6	27.4	27.3	27.2	27.0	22	36.23
32.0	31.9	31.7	31.6	31.4	31.3	31.2	31.0	30.9	30.7	30.6	30.4	30.3	30.1	30.0	29.8	29.6	29.5	29.4	29.2	29.1	28.9	28.8	28.6	28.5	28.3	23	37.88
33.4	33.3	33.1	33.0	32.8	32.7	32.5	32.4	32.2	32.1	31.9	31.8	31.6	31.5	31.3	31.2	31.0	30.9	30.7	30.6	30.4	30.3	30.1	30.0	29.8	29.6	24	39.52
34.7	34.6	34.4	34.2	34.1	33.9	33.8	33.5	33.3	33.2	33.0	32.9	32.7	32.6	32.4	32.3	32.1	32.0	31.8	31.6	31.5	31.3	31.2	31.0	30.8	30.7	25	41.17
36.1	36.0	35.8	35.6	35.5	35.3	35.1	35.0	34.8	34.6	34.5	34.3	34.1	34.0	33.8	33.6	33.5	33.3	33.1	33.0	32.8	32.7	32.5	32.3	32.2	32.0	26	42.82
37.5	37.3	37.2	37.0	36.8	36.7	36.5	36.3	36.1	36.0	35.8	35.7	35.5	35.3	35.1	35.0	34.8	34.6	34.4	34.3	34.1	33.9	33.8	33.6	33.5	33.3	27	44.47
38.9	38.8	38.6	38.4	38.2	38.1	37.9	37.7	37.5	37.4	37.2	37.0	36.8	36.7	36.5	36.3	36.1	36.0	35.8	35.6	35.4	35.3	35.1	34.9	34.8	34.6	28	46.11
40.3	40.2	40.0	39.9	39.7	39.5	39.3	39.1	38.9	38.8	38.6	38.4	38.2	38.0	37.8	37.7	37.5	37.3	37.1	37.0	36.8	36.6	36.4	36.2	36.1	35.9	29	47.76
41.7	41.5	41.3	41.1	40.9	40.8	40.6	40.3	40.1	40.0	39.8	39.6	39.4	39.2	39.0	38.8	38.6	38.5	38.3	38.1	37.9	37.7	37.5	37.4	37.2	37.0	30	49.41
43.1	42.9	42.7	42.5	42.3	42.1	42.0	41.8	41.5	41.3	41.1	41.0	40.8	40.6	40.3	40.1	39.9	39.8	39.6	39.4	39.2	39.0	38.8	38.6	38.4	38.2	31	51.06
44.5	44.3	44.1	43.9	43.7	43.5	43.3	43.1	42.9	42.7	42.5	42.3	42.1	41.9	41.7	41.5	41.3	41.1	40.9	40.7	40.5	40.3	40.1	39.9	39.7	39.5	32	52.70
45.9	45.7	45.5	45.3	45.2	45.0	44.7	44.5	44.3	44.1	43.9	43.7	43.5	43.3	43.0	42.8	42.6	42.4	42.2	42.0	41.8	41.6	41.4	41.2	41.0	40.8	33	54.35
47.3	47.1	46.9	46.7	46.5	46.3	46.1	45.9	45.7	45.5	45.3	45.0	44.9	44.7	44.4	44.2	44.0	43.8	43.6	43.4	43.2	43.0	42.8	42.6	42.4	42.2	34	56.00
48.6	48.5	48.3	48.1	47.9	47.8	47.6	47.4	47.2	47.1	46.9	46.7	46.5	46.4	46.2	46.0	45.8	45.7	45.5	45.3	45.1	45.0	44.8	44.6	44.4	44.3	35	57.64
50.0	49.9	49.7	49.5	49.3	49.1	49.0	48.8	48.6	48.4	48.2	47.9	47.7	47.5	47.3	47.3	47.0	46.8	46.6	46.4	46.3	46.1	45.9	45.7	45.6	45.8	36	59.29
51.4	51.2	51.1	50.9	50.7	50.5	50.3	50.1	49.9	49.6	49.4	49.2	49.0	48.8	48.6	48.3	48.3	48.1	47.9	47.7	47.5	47.4	47.2	47.0	46.8	46.8	37	60.93
52.8	52.6	52.4	52.2	52.1	51.9	51.7	51.5	51.3	51.1	50.9	50.7	50.5	50.3	50.0	49.8	49.6	49.4	49.2	49.0	48.8	48.5	48.3	48.4	48.3	48.1	38	62.58
54.2	54.0	53.8	53.6	53.4	53.2	53.0	52.8	52.6	52.4	52.1	51.9	51.7	51.5	51.3	51.1	50.9	50.7	50.5	50.3	50.1	49.9	49.7	49.5	50.5	50.3	39	64.23
55.6	55.4	55.2	55.0	54.8	54.6	54.4	54.2	54.0	53.8	53.6	53.4	53.2	53.0	52.8	52.6	52.4	52.2	52.0	51.8	51.6	51.4	51.2	51.0	50.8	50.6	40	65.88
57.0	56.8	56.6	56.4	56.2	56.0	55.8	55.5	55.1	54.9	54.7	54.5	54.3	54.1	53.9	53.7	53.5	53.3	53.1	52.9	52.7	52.5	52.3	52.1	51.9	51.7	41	67.53
58.4	58.2	58.0	57.7	57.5	57.3	57.1	56.9	56.7	56.5	56.3	56.1	55.9	55.6	55.4	55.2	55.0	54.8	54.6	54.4	54.2	53.9	53.8	53.5	53.3	53.1	42	69.17
59.8	59.5	59.4	59.1	58.9	58.7	58.5	58.3	58.0	57.8	57.6	57.4	57.2	57.0	56.8	56.5	56.3	56.1	55.9	55.7	55.5	55.3	55.0	54.8	54.6	54.4	43	70.82
61.2	60.9	60.7	60.5	60.3	60.1	59.8	59.6	59.4	59.2	59.0	58.7	58.5	58.3	58.1	57.9	57.6	57.4	57.2	57.0	56.8	56.5	56.3	56.1	55.9	55.7	44	72.47
62.5	62.3	62.1	61.9	61.6	61.4	61.2	61.0	60.7	60.5	60.3	60.1	59.8	59.6	59.4	59.2	58.9	58.7	58.5	58.3	58.0	57.8	57.6	57.4	57.1	56.9	45	74.11
63.9	63.7	63.5	63.2	63.0	62.8	62.6	62.3	62.1	61.9	61.6	61.4	61.2	60.9	60.7	60.5	60.3	60.0	59.8	59.6	59.3	59.1	58.9	58.6	58.4	58.2	46	75.76
65.3	65.1	64.9	64.6	64.4	64.1	63.9	63.7	63.4	63.2	62.7	62.5	62.3	62.0	61.8	61.6	61.3	61.1	60.9	60.6	60.4	60.2	59.9	59.7	59.4	59.2	47	77.41
66.7	66.5	66.2	66.0	65.8	65.5	65.3	65.0	64.8	64.6	64.3	64.1	63.8	63.6	63.4	63.1	62.9	62.6	62.4	62.2	61.9	61.7	61.4	61.2	61.0	60.7	48	79.06
67.9	67.6	67.4	67.1	66.9	66.6	66.4	66.1	65.9	65.7	65.4	65.2	64.9	64.7	64.4	64.2	63.9	63.7	63.4	63.2	63.0	62.7	62.5	62.2	62.0	61.7	49	80.70
69.2	69.0	68.7	68.4	68.2	68.0	67.7	67.5	67.2	67.0	66.7	66.5	66.2	66.0	65.7	65.5	65.2	65.0	64.7	64.5	64.3	64.0	63.7	63.5	63.2	63.0	50	82.35
70.6	70.4	70.1	69.9	69.6	69.4	69.1	68.8	68.6	68.3	68.1	67.8	67.5	67.3	67.0	66.8	66.5	66.3	66.0	65.8	65.5	65.2	65.0	64.8	64.5	64.3	51	84.00
72.0	71.8	71.5	71.2	71.0	70.7	70.5	70.2	69.9	69.7	69.4	69.2	68.9	68.6	68.4	68.1	67.9	67.6	67.3	67.1	66.8	66.6	66.3	66.0	65.8	65.5	52	85.64
73.4	73.1	72.9	72.6	72.3	72.1	71.8	71.5	71.3	71.0	70.7	70.3	70.2	70.0	69.7	69.4	69.2	68.9	68.6	68.4	68.1	67.8	67.6	67.3	67.0	66.8	53	87.29
74.8	74.5	74.2	74.0	73.7	73.4	73.2	72.9	72.6	72.4	72.1	71.8	71.5	71.3	71.0	70.7	70.5	70.2	69.9	69.7	69.4	69.1	68.8	68.5	68.3	68.0	54	88.94
76.2	75.9	75.6	75.3	75.1	74.8	74.5	74.2	74.0	73.7	73.4	73.1	72.9	72.6	72.3	72.0	71.8	71.5	71.2	70.9	70.7	70.4	70.1	69.8	69.6	69.3	55	90.59
77.5	77.3	77.0	76.7	76.4	76.2	75.9	75.6	75.3	75.0	74.8	74.5	74.2	73.9	73.6	73.4	73.1	72.8	72.5	72.2	72.0	71.7	71.4	71.1	70.8	70.6	56	92.23
78.9	78.7	78.4	78.1	77.8	77.5	77.2	76.9	76.7	76.4	76.1	75.8	75.5	75.2	74.9	74.7	74.4	74.1	73.8	73.6	73.2	73.0	72.7	72.5	72.1	71.9	57	93.88
80.2	80.0	79.7	79.5	79.2	78.9	78.6	78.3	78.0	77.7	77.4	77.1	76.8	75.6	75.3	75.0	76.0	75.7	75.4	75.1	74.8	74.5	74.2	73.9	73.7	73.4	58	95.53
81.7	81.4	81.1	80.8	80.5	80.2	79.9	79.6	79.3	79.1	78.6	78.5	78.2	77.9	77.6	77.3	77.8	76.7	76.4	76.1	75.8	75.5	75.2	74.9	74.6	74.3	59	97.17
83.1	82.8	82.5	82.2	81.9	81.6	81.3	81.0	80.7	80.4	80.1	79.8	79.5	79.2	78.9	78.6	78.5	78.0	77.7	77.4	77.1	76.8	76.5	76.2	75.9	75.6	60	98.82
84.5	84.2	83.9	83.6	83.3	83.0	82.6	82.3	82.0	81.7	81.4	81.1	80.8	80.5	80.2	79.9	79.6	79.5	79.0	78.7	78.4	78.1	77.8	77.5	77.2	76.9	61	100.47
85.9	85.6	85.3	84.9	84.6	84.3	84.0	83.7	83.4	83.1	82.8	82.5	82.1	81.8	81.5	81.2	80.9	80.6	80.3	80.0	79.7	79.4	79.0	78.7	78.4	78.1	62	102.12
87.2	86.9	86.5	86.7	86.0	85.7	85.4	85.0	84.7	84.4	84.1	83.8	83.5	83.2	82.8	82.3	82.2	81.9	81.6	81.3	80.9	80.6	80.3	80.0	79.7	79.3	63	103.76
88.6	88.3	88.0	87.7	87.4	87.0	86.7	86.4	86.1	85.8	85.4	85.1	84.8	84.5	84.2	83.8	83.5	83.2	82.9	82.6	82.2	81.9	81.6	81.5	81.0	80.7	64	105.41
90.0	89.7	89.4	89.0	88.7	88.4	88.1	87.7	87.4	87.1	86.8	86.4	86.1	85.8	85.5	85.1	84.8	84.5	84.2	83.8	83.5	83.2	82.9	82.5	82.2	81.9	65	107.06
91.4	91.1	90.7	90.4	90.1	89.8	89.4	89.1	88.8	88.4	88.0	87.8	87.4	87.1	86.8	86.5	86.1	85.8	85.5	85.1	84.8	84.5	84.1	85.8	83.5	83.1	66	108.70
92.8	92.5	92.1	91.8	91.4	91.1	90.8	90.4	90.1	89.8	89.4	89.1	88.8	88.4	88.1	87.8	87.4	87.1	86.8	86.4	86.1	85.8	85.4	85.1	84.8	84.4	67	110.35
94.2	93.8	93.5	93.2	92.8	92.5	92.1	91.8	91.5	91.1	90.8	90.4	90.1	89.8	89.4	89.1	88.7	88.4	88.1	87.7	87.4	87.0	86.7	86.4	86.0	85.7	68	112.00
95.6	95.2	94.9	94.5	94.1	93.8	93.5	93.1	92.8	92.5	92.1	91.8	91.4	91.1	90.7	90.4	90.0	89.7	89.3	89.0	88.7	88.3	88.0	87.6	87.3	86.9	69	113.64
96.9	96.6	96.2	95.9	95.5	95.2	94.8	94.5	94.1	93.8	95.4	93.1	92.7	92.4	92.0	91.7	91.3	91.0	90.6	90.3	89.9	89.6	89.2	88.9	88.5	88.3	70	115.29
98.3	98.0	97.6	97.3	96.9	96.6	96.2	95.8	95.5	95.1	94.8	94.4	94.1	93.7	93.4	93.0	92.6	92.3	91.9	91.6	91.2	90.9	90.5	90.2	89.8	89.4	71	116.94
99.7	99.4	99.0	98.6	98.3	97.9	97.6	97.2	96.8	96.5	96.1	95.8	95.4	95.0	94.7	94.5	94.0	93.6	93.2	92.9	92.5	92.2	91.8	91.4	91.1	91.0	72	118.59
101.1	100.7	100.4	100.0	99.6	99.3	98.9	98.5	98.2	97.8	97.4	97.1	96.7	96.4	96.0	95.6	95.3	94.9	94.3	94.2	93.8	93.4	93.1	92.7	92.5	91.8	73	120.23
102.5	102.1	101.7	101.4	101.0	100.6	100.3	99.9	99.5	99.2	98.8	98.4	98.0	97.7	97.3	96.9	96.6	96.2	95.8	95.5	95.1	94.7	94.3	94.0	93.6	93.3	74	121.88
103.9	103.5	103.1	102.7	102.4	102.0	101.6	101.2	100.9	100.5	100.1	99.7	99.4	99.0	98.6	98.2	97.9	97.5	97.1	96.7	96.5	96.0	95.6	95.2	94.9	94.5	75	123.53
105.3	104.9	104.5	104.1	103.7	103.4	103.0	102.6	102.2	101.8	101.5	101.1	100.7	100.3	99.9	99.6	99.3	98.8	98.4	98.0	97.7	97.3	96.9	96.5	96.1	95.7	76	125.17
106.6	106.3	105.9	105.5	105.1	104.7	104.3	103.9	103.6	103.2	102.8	102.4	102.0	101.6	101.2	100.8	100.5	100.1	99.7	99.3	98.9	98.6	98.2	97.8	97.4	97.0	77	126.82
108.0	107.6	107.2	106.9	106.5	106.1	105.7	105.3	104.9	104.5	104.1	103.7	103.3	103.0	102.5	102.2	101.8	101.4	101.0	100.6	100.2	99.8	99.4	99.1	98.7	98.3	78	128.47
109.4	109.0	108.6	108.2	107.8	107.4	107.0	106.6	106.2	105.9	105.5	105.1	104.7	104.3	103.9	103.5	103.1	102.7	102.3	101.9	101.5	101.1	100.7	100.3	99.9	99.5	79	130.12
110.8	110.4	110.0	109.6	109.2	108.8	108.4	108.0	107.6	107.2	106.8	106.4	106.0	105.6	105.2	104.8	104.4	104.0	103.6	103.2	102.8	102.3	102.1	101.6	101.2	101.2	80	131.76
112.2	111.8	111.4	111.0	110.6	110.2	109.7	109.3	108.9	108.3	108.1	107.7	107.3	106.9	106.5	106.1	105.7	105.3	104.9	104.6	104.1	103.7	103.3	102.2	102.9	102.3	81	133.41
113.6	113.2	112.7	112.3	111.9	111.5	111.1	110.7	110.3	109.9	109.5	109.1	108.6	108.2	107.8	107.4	107.0	106.6	106.2	103.9	103.4	113.0	101.5	101.1	105.7	104.9	82	135.06
114.9	114.5	114.1	113.7	113.3	112.9	112.5	112.0	111.6	111.2	110.8	110.4	110.0	109.6	109.1	108.7	108.3	107.9	107.7	107.0	106.6	106.2	105.8	105.4	105.0	104.6	83	136.70
116.3	115.9	115.5	115.1	114.7	114.2	113.8	113.4	113.0	112.6	112.1	111.7	111.3	110.9	110.5	110.0	109.6	109.2	108.8	108.3	107.9	107.5	107.1	106.7	106.3	105.9	84	138.35
117.7	117.3	116.9	116.4	116.0	115.6	115.2	114.7	114.3	113.9	113.5	113.0	112.6	112.2	111.8	111.3	110.9	110.5	110.1	109.7	109.2	108.8	108.4	108.0	107.9	107.5	85	140.00
119.1	118.7	118.2	117.8	117.4	117.0	116.5	116.1	115.7	115.2	114.8	114.4	113.9	113.5	113.1	112.7	112.2	111.8	111.4	111.0	110.5	110.1	109.6	109.2	108.8	108.3	86	141.65

SOMMES OU DIFFÉRENCES DES NOTATIONS DIRECTES ET INVERSES , CES DERNIÈRES ÉTANT PRISES A LA TEMPÉRATURE DE																										TITRES cherchés	
10°	11°	12°	13°	14°	15°	16°	17°	18°	19°	20°	21°	22°	23°	24°	25°	26°	27°	28°	29°	30°	31°	32°	33°	34°	35°	par poids A	par vol. B
120,9	120,5	120,1	119,6	119,2	118,7	118,3	117,9	117,4	117,0	116,6	116,1	115,7	115,3	114,8	114,4	114,0	113,5	113,1	112,7	112,3	111,8	111,4	110,9	110,3	110,0	87	143,29
122,3	121,9	121,4	121,0	120,6	120,1	119,7	119,2	118,8	118,4	117,9	117,5	117,0	116,6	116,2	115,7	115,3	114,8	114,4	114,0	113,6	113,1	112,6	112,2	111,8	111,3	88	144,94
123,7	123,2	122,8	122,4	121,9	121,5	121,0	120,6	120,1	119,7	119,3	118,8	118,4	117,9	117,3	117,0	116,6	116,1	115,7	115,2	114,9	114,4	113,9	113,5	113,0	112,6	89	146,59
125,1	124,6	124,2	123,7	123,3	122,8	122,4	121,9	121,5	121,0	120,6	120,1	119,7	119,2	118,8	118,3	117,9	117,4	117,0	116,5	116,2	115,6	115,2	114,7	114,3	113,9	90	148,23
126,5	126,0	125,6	125,1	124,7	124,2	123,8	123,3	122,8	122,4	121,9	121,5	121,0	120,6	120,1	119,7	119,2	118,7	118,3	117,8	117,4	116,9	116,5	116,0	115,6	115,1	91	149,88
127,9	127,4	127,0	126,5	126,0	125,6	125,1	124,7	124,2	123,7	123,3	122,8	122,4	121,9	121,4	121,0	120,5	120,1	119,6	119,2	118,6	118,2	117,8	117,3	116,8	116,4	92	151,53
129,3	128,8	128,3	127,9	127,4	126,9	126,5	126,0	125,5	125,1	124,6	124,1	123,7	123,2	122,8	122,3	121,8	121,4	120,9	120,4	120,0	119,5	119,0	118,6	118,1	117,6	93	153,18
130,7	130,2	129,7	129,2	128,8	128,3	127,8	127,4	126,9	126,4	126,0	125,5	125,0	124,5	124,1	123,6	123,1	122,7	122,2	121,8	121,4	120,8	120,3	119,8	119,4	118,9	94	154,82
132,0	131,6	131,1	130,6	130,1	129,7	129,2	128,7	128,2	127,8	127,3	126,8	126,4	125,9	125,4	124,9	124,5	124,0	123,5	123,0	122,6	122,1	121,6	121,1	120,6	120,2	95	156,47
133,4	133,0	132,5	132,0	131,5	131,0	130,6	130,1	129,6	129,1	128,6	128,2	127,7	127,2	126,7	126,2	125,8	125,3	124,8	124,3	123,9	123,4	123,0	122,6	122,1	121,6	96	158,12
134,8	134,3	133,9	133,4	132,9	132,4	131,9	131,4	130,9	130,5	130,0	129,5	129,0	128,5	128,0	127,5	127,1	126,6	126,1	125,6	125,2	124,6	124,2	123,7	123,2	122,7	97	159,76
136,2	135,7	135,2	134,7	134,3	133,8	133,3	132,8	132,3	131,8	131,3	130,8	130,3	129,8	129,4	128,9	128,4	127,9	127,4	126,9	126,5	126,0	125,6	125,1	124,6	124,0	98	161,41
137,6	137,1	136,6	136,1	135,6	135,1	134,6	134,1	133,6	133,1	132,7	132,2	131,7	131,2	130,7	130,2	129,7	129,2	128,7	128,2	127,8	127,2	126,7	126,2	125,7	125,3	99	163,06
139,0	138,5	138,0	137,5	137,0	136,5	136,0	135,5	135,0	134,5	134,0	133,5	133,0	132,5	132,0	131,5	131,0	130,5	130,0	129,3	129,0	128,5	128,0	127,5	127,0	126,5	100	164,71
140,4	139,9	139,4	138,9	138,4	137,9	137,4	136,8	136,3	135,8	135,3	134,8	134,3	133,8	133,3	132,8	132,3	131,8	131,3	130,8	130,3	129,8	129,3	128,8	128,3	127,8	101	166,35
141,8	141,3	140,8	140,2	139,7	139,2	138,7	138,2	137,7	137,2	136,7	136,2	135,7	135,1	134,6	134,1	133,6	133,1	132,6	132,1	131,6	131,1	130,6	130,0	129,5	129,0	102	168,00
143,2	142,6	142,1	141,6	141,1	140,6	140,1	139,6	139,0	138,5	138,0	137,5	137,0	136,5	136,0	135,4	134,9	134,4	133,9	133,4	132,9	132,3	131,8	131,3	130,8	130,3	103	169,65
144,6	144,0	143,5	143,0	142,5	142,0	141,4	140,9	140,4	139,9	139,4	138,8	138,3	137,8	137,3	136,8	136,2	135,7	135,2	134,7	134,2	133,6	133,1	132,6	132,1	131,6	104	171,29
145,9	145,4	144,9	144,4	143,8	143,3	142,8	142,3	141,7	141,2	140,7	140,2	139,6	139,1	138,6	138,1	137,5	137,0	136,5	136,0	135,4	134,9	134,4	133,9	133,3	132,8	105	172,94
147,3	146,8	146,3	145,7	145,2	144,7	144,2	143,6	143,1	142,6	142,0	141,5	141,0	140,3	139,9	139,4	138,8	138,3	137,8	137,3	136,7	136,2	135,7	135,1	134,6	134,1	106	174,59
148,7	148,2	147,7	147,1	146,6	146,0	145,5	145,0	144,5	143,9	143,4	142,8	142,3	141,8	141,2	140,7	140,2	139,6	139,1	138,6	138,0	137,5	137,0	136,5	135,9	135,4	107	176,23
150,1	149,6	149,0	148,5	148,0	147,4	146,9	146,3	145,8	145,3	144,7	144,2	143,6	143,1	142,6	142,0	141,5	140,9	140,4	139,9	139,3	138,8	138,2	137,7	137,2	136,6	108	177,88
151,5	151,0	150,4	149,9	149,3	148,8	148,2	147,7	147,1	146,6	146,1	145,5	145,0	144,4	143,9	143,3	142,8	142,2	141,7	141,1	140,6	140,1	139,5	139,0	138,4	137,9	109	179,53
152,9	152,3	151,8	151,2	150,7	150,1	149,6	149,0	148,5	147,9	147,4	146,8	146,3	145,7	145,2	144,6	144,1	143,5	143,0	142,4	141,9	141,3	140,8	140,2	139,7	139,1	110	181,18
154,3	153,7	153,2	152,6	152,1	151,5	151,0	150,4	149,8	149,3	148,7	148,2	147,6	147,1	146,5	146,0	145,4	144,8	144,3	143,7	143,2	142,6	142,1	141,5	141,0	140,4	111	182,82
155,7	155,1	154,6	154,0	153,4	152,9	152,3	151,8	151,2	150,6	150,1	149,5	149,0	148,4	147,8	147,3	146,7	146,2	145,6	145,0	144,5	143,9	143,4	142,8	142,2	141,7	112	184,47
157,1	156,5	155,9	155,4	154,8	154,2	153,7	153,1	152,5	152,0	151,4	150,8	150,3	149,7	149,2	148,6	148,0	147,5	146,9	146,3	145,8	145,2	144,6	144,1	143,5	142,9	113	186,12
158,5	157,9	157,3	156,7	156,2	155,6	155,0	154,5	153,9	153,3	152,8	152,2	151,6	151,0	150,5	149,9	149,3	148,8	148,2	147,6	147,1	146,5	145,9	145,3	144,8	144,2	114	187,76
159,8	159,3	158,7	158,1	157,5	157,0	156,4	155,8	155,2	154,7	154,1	153,5	152,9	152,4	151,8	151,2	150,6	150,1	149,5	148,9	148,3	147,8	147,2	146,6	146,0	145,5	115	189,41
161,2	160,6	160,1	159,5	158,9	158,3	157,8	157,2	156,6	156,0	155,4	154,9	154,3	153,7	153,1	152,5	152,0	151,4	150,8	150,2	149,6	149,1	148,5	147,9	147,3	146,7	116	191,06
162,6	162,0	161,5	160,9	160,3	159,7	159,0	158,5	157,9	157,4	156,9	156,2	155,6	155,1	154,5	153,9	153,3	152,7	152,1	151,5	151,0	150,3	149,8	149,2	148,6	148,1	117	192,71
164,0	163,4	162,8	162,2	161,7	161,1	160,5	159,9	159,3	158,7	158,1	157,5	157,0	156,4	155,8	155,2	154,6	154,0	153,4	152,8	152,2	151,7	151,1	150,5	149,9	149,3	118	194,35
165,4	164,8	164,2	163,6	163,0	162,4	161,8	161,2	160,6	160,0	159,5	158,9	158,3	157,7	157,1	156,5	155,9	155,3	154,7	154,1	153,5	152,9	152,3	151,8	151,2	150,6	119	196,00
166,8	166,2	165,6	165,0	164,4	163,8	163,2	162,6	162,0	161,4	160,8	160,2	159,6	159,0	158,4	157,8	157,2	156,6	156,0	155,4	154,8	154,2	153,6	153,0	152,4	151,8	120	197,65
168,2	167,6	167,0	166,4	165,8	165,2	164,6	164,0	163,4	162,7	162,1	161,5	160,9	160,3	159,7	159,1	158,5	157,9	157,3	156,7	156,1	155,3	154,9	154,3	153,7	153,1	121	199,29
169,6	169,0	168,4	167,7	167,1	166,5	165,9	165,3	164,7	164,1	163,5	162,9	162,3	161,6	161,0	160,4	159,8	159,2	158,6	158,0	157,4	156,8	156,2	155,6	155,0	154,4	122	200,94
171,0	170,4	169,8	169,2	168,5	167,9	167,3	166,7	166,1	165,5	164,9	164,3	163,7	163,0	162,4	161,8	161,2	160,6	160,0	159,3	158,7	158,1	157,5	156,9	156,3	155,7	123	202,59
172,4	171,8	171,1	170,5	169,9	169,3	168,7	168,1	167,5	166,9	166,3	165,7	165,0	164,4	163,8	163,2	162,6	162,0	161,4	160,7	160,1	159,5	158,9	158,2	157,6	157,0	124	204,24
173,7	173,1	172,5	171,9	171,2	170,6	170,0	169,4	168,8	168,2	167,6	166,9	166,3	165,7	165,1	164,5	163,8	163,2	162,6	162,0	161,4	160,7	160,1	159,5	158,8	158,2	125	205,88
175,1	174,5	173,9	173,2	172,6	172,0	171,4	170,8	170,2	169,6	169,0	168,3	167,6	167,0	166,4	165,8	165,2	164,5	163,9	163,3	162,6	162,0	161,5	160,6	160,0	159,4	126	207,53
176,5	175,9	175,3	174,6	174,0	173,4	172,7	172,1	171,5	170,9	170,3	169,6	169,0	168,4	167,8	167,1	166,5	165,9	165,3	164,5	163,9	163,3	162,6	162,0	161,3	160,6	127	209,18
177,9	177,3	176,7	176,0	175,4	174,7	174,1	173,4	172,8	172,2	171,6	170,9	170,3	169,6	169,0	168,3	167,7	167,1	166,4	165,8	165,1	164,5	163,8	163,2	162,6	161,9	128	210,82
179,3	178,7	178,0	177,4	176,7	176,1	175,4	174,8	174,1	173,5	172,9	172,2	171,5	170,9	170,2	169,6	168,9	168,3	167,6	167,0	166,3	165,7	165,0	164,3	163,8	163,2	129	212,47
180,7	180,0	179,4	178,7	178,1	177,4	176,8	176,1	175,5	174,8	174,2	173,5	172,9	172,2	171,6	170,9	170,3	169,6	169,0	168,3	167,7	167,0	166,4	165,7	165,1	164,4	130	214,21

Essais de 50 échantillons de sucres bruts exotiques classés par nuances depuis la plus sombre jusqu'à la plus blanche.

NUMÉROS DES ÉCHANTILLONS.	LIEUX DE PROVENANCE.	NUANCES.	QUANTITÉS DE SUCRE RÉEL.	NUMÉROS DES ÉCHANTILLONS.	LIEUX DE PROVENANCE.	NUANCES.	QUANTITÉS DE SUCRE RÉEL.
			pour 100				pour 100
1	Brésil	Brun foncé	81,0	26	Bourbon	Jaunâtre clair	91,0
2	Martinique	Id	80,0	27	Martinique	Id	89,0
3	Bourbon	Brun jaune	81,5	28	La Havane	Id	90,0
4	Surinam	Id	87,0	29	Id	Id	93,0
5	Brésil	Id	84,0	30	Id	Id	91,0
6	Bourbon	Rougeâtre	84,0	31	Guadeloupe	Id	88.5
7	Java	Id	88,5	32	Bourbon	Id	93,0
8	Bourbon	Gris sombre	84,0	33	Guadeloupe	Id	85,5
9	Guadeloupe	Id	83,0	34	Id	Id	92,0
10	Java	Rougeâtre clair	81,0	35	Id	Id	94,0
11	Bourbon	Id	91,5	36	Id	Id	94,5
12	Égypte	Id	86,0	37	Id	Id	95,0
13	Brésil	Id	82,0	38	Bourbon	Id	95,0
14	Id	Id	86,0	39	La Havane	Id	96,5
15	Surinam	Brun clair	91,0	40	Bourbon	Id	96,0
16	Guadeloupe	Brun jaunâtre	87,0	41	Guadeloupe	Id	94,0
17	Surinam	Id	91,5	42	Id	Id	95,0
18	Bourbon	Gris jaunâtre	90,5	43	Marie-Galante	Id	95,0
19	Martinique	Id	86,0	44	Guadeloupe	Id	95,0
20	Id	Id	89,0	45	Id	Gris très clair	96,0
21	Id	Id	89,5	46	Id	Id	96,5
22	Id	Jaunâtre	90,5	47	Id	Id	97,0
23	Brésil	Id	92,0	48	Bourbon	Presque blanc	96,5
24	Guadeloupe	Id	83,0	49	Guadeloupe	Id	99,0
25	Id	Jaune rougeâtre	90,0	50	Nouvelle-Orléans	Blanc	100,0

Essais de betteraves.

LIEUX DE CULTURE.	ESPÈCES.	POIDS des racines.	DATES de l'arrachage.	DATES des essais.	SECTIONS des racines.	DENSITÉS des jus à + 15° température.	NOTATIONS directes des jus.	NOTATIONS INDIRECTES.		SOMMES des inversions.	SUCRE contenu dans 1 litre de jus.
								Température.	Déviations.		
		k.									fr.
Verrières (Seine-et-Oise).	Jaune d'Allemagne.	0,500	5 sept. 1847	8 sept. 1847	Totalité.	103,1	33,55	16°	8,25	41,00	51,06
Id.	Id.	0,300	Id.	Id.	Id.	104,6	60,50	20	17,60	78,10	95,53
Id.	Id.	0,500	Id.	9 sept. 1847	Id.	104,6	60,50	18	17,05	77,55	93,88
Id.	Disette à peau rouge.	0,500	Id.	Id.	Id.	106,7	94,60	21	27,05	122,10	151,53
Id.	Id.	0,400	Id.	Id.	Id.	105,3	77,00	22	20,90	97,90	121,88
Id.	Blanche	0,410	14 sept. 1847	16 sept. 1847	Id.	105,9	84,70	22	22,00	106,70	131,76
Id.	Id.	0,280	Id.	17 sept. 1847	Id.	106,3	89,63	22	23,30	114,95	141,65
Id.	Disette.	0,300	Id.	Id.	Id.	105,3	77,00	21	23,00	100,00	123,53
Id.	Jaune d'Allemague.	0,550	Id.	18 sept. 1847	Id.	104,3	58,30	20	13,75	72,05	88,94
Id.	Id.	0,550	Id.	19 sept. 1847	Id.	104,8	60,50	18	17,60	78,10	95,53
Id.	Blanche	0,830	30 sept. 1847	2 oct. 1847	Id.	104,6	59,40	23	14,85	74,25	92,23
Id.	Id.	0,214	Id.	3 oct. 1847	Id.	106,7	88,00	18	26,40	114,40	140,00
Id.	Jaune d'Allemague	0,600	Id.	Id.	Id.	104,6	63,80	20	17,60	81,40	100,47
Id.	Id.	0,250	Id.	Id.	Id.	103,0	66,55	23	20,90	87,40	108,70
Id.	Disette	0,500	Id.	4 oct. 1847	Id.	106,0	83,80	18	26,95	112,75	158,33
Id.	Id.	0,400	Id.	Id.	Id.	106,1	86,35	21	27,50	115,85	140,00
Santes (Nord)	Blanche	1,500	1er nov. 1847	5 nov. 1847	Centre.	105,0	61,60	16	18,70	80,30	97,17
Id.	Même racine	1,500	Id.	Id.	Tête.	105,2	62,70	13	20,00	83,70	100,47
Verrières (Seine-et-Oise).	Blanche	0,200	10 nov. 1847	12 nov. 1847	Centre.	105,6	64,90	17	23,65	88,55	107,06
Id.	Id.	0,200	Id.	18 nov. 1847	Tête.	106,0	81,40	17	27,30	108,90	131,76
Santes (Nord).	Jaune.	1,500	15 déc. 1847	16 déc. 1847	Id.	103,4	65,80	12	18,13	81,95	97,17
Id.	Même racine	1,500	Id.	Id.	Centre.	105,4	68,20	14	19,80	88,00	103,41
Id.	Blanche	1,500	Id.	Id.	Tête.	106,0	81,40	17	23,30	106,70	130,12
Id.	Même racine	1,500	Id.	Id.	Centre.	105,8	75,90	22	23,30	101,20	125,17
Id.	Blanche	1,500	1er janv. 1848	3 janv. 1848	Tête.	104,7	53,33	17	13,93	71,50	87,29
Id.	Même racine	1,500	Id.	Id.	Centre.	105,0	66,00	13	21,43	87,45	105,41
Id.	Jaune.	1,500	Id.	5 janv. 1848	Tête.	105,2	63,25	11	18,70	81,95	98,82
Id.	Même racine	1,500	Id.	Id.	Centre.	105,4	68,75	13	20,35	89,10	107,06
Lisandré (Côtes-du-Nord)	Blanche	1,500	15 janv. 1848	25 janv. 1848	Totalité.	105,4	27,50	13	9,90	57,40	44,47
Id.	Rose	1,000	Id.	Id.	Id.	103,3	56,10	10	22,00	78,10	92,23
Santes (Nord).	Blanche	1,700	18 janv. 1848	20 janv. 1848	Tête.	105,0	57,20	10	17,60	74,80	88,94
Id.	Même racine	1,700	Id.	Id.	Centre.	105,4	69,30	10	23,10	92,40	108,70
Id.	Jaune.	1,500	Id.	26 janv. 1848	Tête.	104,6	48,40	15	13,30	61,60	74,11
Id.	Même racine	1,300	Id.	Id.	Id.	104,6	56,10	10	17,30	73,60	88,94

Paris. — Imprimerie de L. MARTINET, rue Mignon, 2.

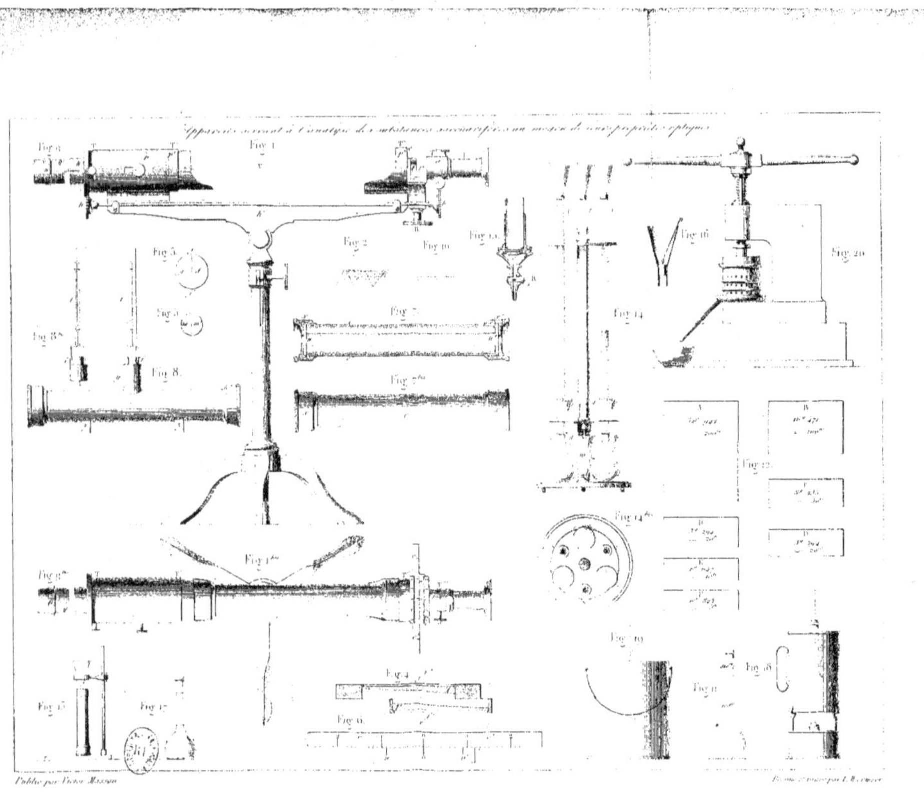

www.ingramcontent.com/pod-product-compliance
Lightning Source LLC
Chambersburg PA
CBHW061142050726
47594CB00005B/2283